Bibliografische Information der Deutschen Nationalbibliothek:

Die Deutsche Bibliothek verzeichnet diese Publikation in der Deutschen Nationalbibliografie; detaillierte bibliografische Daten sind im Internet über http://dnb.d-nb.de/ abrufbar.

Impressum:

Druck und Bindung: Books on Demand GmbH, Norderstedt Germany
ISBN: 9783668221598

Dieses Buch bei GRIN:

http://www.grin.com/de/e-book/323065/gibt-es-einen-zusammenhang-zwischen-armut-und-ernaehrung-wie-sich-hartz

Katharina Erdmann

Gibt es einen Zusammenhang zwischen Armut und Ernährung? Wie sich Hartz IV auf die Ernährungsgewohnheiten auswirken kann

GRIN Verlag

Hochschule Niederrhein

Fachbereich Oecotrophologie

Hausarbeit im Fach Ernährungssoziologie

Armut und Ernährung im Wohlstand

vorgelegt von

Katharina Erdmann

Mönchengladbach, im März 2015

Inhalt

Abbildungsverzeichnis

1.Einleitung

Im Paragraph 1 des Zwölften Buch Sozialgesetzbuches sind Inhalt und Aufgabe der Sozialhilfe in Deutschland verankert. „ Aufgabe der Sozialhilfe ist es, den Leistungsberechtigten die Führung eines Lebens zu ermöglichen, das der Würde des Menschen entspricht. Die Leistung soll sie so weit wie möglich befähigen, unabhängig von ihr zu leben; darauf haben auch die Leistungsberechtigten nach ihren Kräften hinzuarbeiten. Zur Erreichung dieser Ziele haben die Leistungsberechtigten und die Träger der Sozialhilfe im Rahmen ihrer Rechte und Pflichten zusammenzuwirken." (Bundesministerium der Justiz und Verbraucherschutz, Sozialgesetzbuch (SGB) Zwölftes Buch (XII) - Sozialhilfe, 2003)

Der UN - Sozialpakt, den auch Deutschland 1968 unterschrieben hat, enthält Rechtspflichten für die Vertragsstaaten, die jedoch nicht in nationales Recht umgesetzt werden müssen. Artikel 11 Absatz 1 soll einen ausreichenden und menschenwürdigenden Lebensstandard sicherstellen und Absatz 2 zielt auf den Schutz vor Hunger ab. Eine hinlängliche Ausstattung mit Nahrungsmitteln und Bekleidung, ferner eine adäquate Wohnsituation bestimmen den Lebensstandard. (Praetor Intermedia UG „Sozialpakt. Info")

Diesen Inhalten des Artikels 11 entspricht in Deutschland der Paragraph 27a des Zwölften Buch Sozialgesetzbuch. „Der für die Gewährleistung des Existenzminimums notwendige Lebensunterhalt umfasst insbesondere Ernährung, Kleidung, Körperpflege, Hausrat, Haushaltsenergie ohne die auf Heizung und Erzeugung von Warmwasser entfallenden Anteile, persönliche Bedürfnisse des täglichen Lebens sowie Unterkunft und Heizung. Zu den persönlichen Bedürfnissen des täglichen Lebens gehört in vertretbarem Umfang eine Teilhabe am sozialen und kulturellen Leben in der Gemeinschaft; dies gilt in besonderem Maß für Kinder und Jugendliche. Für Schülerinnen und Schüler umfasst der notwendige Lebensunterhalt auch die erforderlichen Hilfen für den Schulbesuch."(Bundesministerium der Justiz und Verbraucherschutz, Sozialgesetzbuch (SGB) Zwölftes Buch (XII) - Sozialhilfe, 2003)

Zielstellung dieser Ausarbeitung ist es herauszustellen, ob die Höhe der Sozialhilfe oder auch allgemein als Hartz IV bezeichnet, ausreichend ist, einen „menschenwürdigen Lebensstandard" sicherzustellen. Inwieweit mit dieser ökonomische Grundlage eine bedarfsgerechte und ausreichende Ernährung möglich ist und wie diese das Ernährungsverhalten beeinflusst

Laut Barlösius wurde in Befragungen von Sozialhilfeempfängern Essen als derjenige Bereich genannt, in dem sich zuerst und einschneidend eingeschränkt wird. Schon im 19. Jahrhundert wurde das Existenzminimum definiert als das Einkommen, das eine ausreichende Versorgung mit Nahrungsmitteln gewährleistet und somit der Armut entgegenwirkt. (Barlösius, et. al., 1995 , S. 12f) Zunächst werde ich mich in der Hausarbeit mit der Definition und den Formen der Armut auseinandersetzen. und was Armut überhaupt ist. Weiterhin möchte ich beschreiben, wie Nahrung und deren qualitative und quantitative Verfügbarkeit in die kulturellen und sozialen Dimensionen des Lebens hineinspielt und zur Beschreibung von prekären Lebenslagen genutzt werden kann und welche Auswirkungen sich auf die Gesundheit der Menschen feststellen lassen.

2. Armutsdefinition und Formen der Armut

Armut ist ein soziales Problem, die den Zustand einer deprivierten Lebenslage darstellt und durch die gesellschaftlichen Werte und Vorstellungen definiert wird. Georg Simmel beschäftigte sich Anfang des 20. Jahrhunderts mit den Fragen: Wie konstituiert sich der Status des Armen in der Gesellschaft? Welche Attribute bestimmen, dass eine Person vor den Augen einer anderen zu einen armen Menschen wird? Worauf gründet, dass jemand als arm angesehen wird? Simmel sieht in der Unterstützung, die eine Person öffentlich von der Gemeinschaft erhält, als das Kriterium, welches den Status arm bestimmt. Unterstützung zu erhalten, ist das Charakteristikum der Armen und impliziert die Zugehörigkeit der Person zu einer Bevölkerungsschicht, die von der Gesellschaft automatisch abgewertet wird. Die Beziehung ist durch ein Abhängigkeitsverhältnis gekennzeichnet und ist einseitig. Der Empfänger von Unterstützungsleistungen ist in den Augen der Gesellschaft ein nutzloser Mensch. (Simmel, 1992, S. 512ff)

Barlösius stellt folgende generelle Definition von Armut auf: „ Wer arm ist, ohne dies zu wollen, kann die Möglichkeiten einer Gesellschaft nicht nutzen. Diese Deprivation wird in der Regel durch Maße operationalisiert, die den Zugang zu Gütern und Dienstleistungen im Vergleich zu anderen in der Gesellschaft bestimmen." Jedoch gibt es in der Sozialwissenschaft unterschiedliche Betrachtungsweisen und Definitionen. (Barlösius, et. al., 1995 , S. 15) Dabei wird in absolute, relative, subjektive, verdeckte und bekämpfte Armut unterschieden.

Absolute Armutsgrößen setzen eine objektive monetäre Grenze, ab der bei Unterschreitung, von einer Gefährdung der physischen Existenz ausgegangen wird. Menschen, die nicht oder nur in geringem Umfang lebensnotwendige Güter, wie Nahrung, Kleidung, Wohnung und andere grundlegende Bedarfsgegenstände besitzen, sind von absoluter Armut betroffen. (Klee, 2005, S. 48f) Von dieser ausgeprägten Form von Armut sind in hochentwickelten Industriestaaten vorwiegend Obdachlose betroffen, deren körperliche Unversehrtheit durch Verhungern, Erfrieren oder einer geringeren Widerstandsfähigkeit gegenüber Krankheiten gefährdet ist. (Scheurle, 2005, S. 96f) In Deutschland wird die Höhe der Sozialhilfe als Armutsgrenze verwendet. Wer Anspruch auf Sozialhilfe hat und sie nicht beantragt ist von absoluter Armut betroffen. (Feichtinger, 1996, S. 4) Nach einer Definition der Weltbank, gelten

Menschen als absolut arm, wenn sie über weniger als 1,25 US Dollar pro Tag verfügen. (Bundesministerium für wirtschaftliche Zusammenarbeit und Entwicklung, Lexikon der Entwicklungspolitik, Armut). Klee übt Kritik am Gebrauch der absoluten Armutsgrenze, da der ernährungsphysiologische Grundbedarf nach Alter, Geschlecht, Gesundheitszustand, körperlicher Tätigkeit und körperlicher Konstitution variiert und sich im Zeitverlauf verändert. Der Bedarf an Nahrungsmitteln, Kleidung und Wohnraum wird ferner durch das allgemeine gesellschaftliche Niveau beeinflusst. (Klee, 2005, S. 50)

Dieser Punkt wird in den USA durch die jährliche Festlegung der Poverty Income Guideline beachtet. Dabei wird eine Einkommensgrenze in Abhängigkeit zu Familienform und –größe festgelegt, ab der ein Anspruch auf staatliche Unterstützung besteht. Als arm gilt, wer ein Drittel seines Einkommens für Nahrungsmittel aufbringen muss. Dabei stellt ein Minimal-Warenkorb die Berechnungsgrundlage, der für eine Grundsicherung der Ernährung als ausreichend betrachtet wird. Dieser Warenkorb soll eine qualitative und quantitative Versorgung mit allen essentiellen Nährstoffen sicherstellen, die ein gesunder Mensch täglich benötigt. Alter und Geschlecht werden hierbei berücksichtigt und es wird eine individuelle Grundsicherung errechnet. (Bayer, 1995, S. 207f)

Der Begriff relative Armut bezieht sich auf ein soziokulturelles Existenzminimum. Es wird durch die Wertvorstellungen, Normen und dem Wohlstand einer Gesellschaft bestimmt und geht über die Abdeckung des physischen Existenzminimums hinaus. Dies spiegelt sich auch in der Armutsdefinition des EU- Ministerrats von 1984 wider:

„ Als verarmt sind jene Einzelpersonen, Familien und Personengruppen anzusehen, die über so geringe materielle, kulturelle und soziale Mittel verfügen, dass sie von der Lebensweise ausgeschlossen sind, die in dem Mitgliedstaat, in dem sie leben, als Minimum annehmbar ist." (zit. nach Scheurle, 2005 , S. 97) Armut kann demnach nicht als ein eindimensionales Problem betrachtet werden, das sich nur durch einen Mangel an Einkommen, sondern aus einer Vielzahl von Unterversorgungslagen in anderen wichtigen Lebensbereichen wie, Bildung, Gesundheit, Wohnen auszeichnet. Der soziokulturelle Ansatz schließt „die Realisierung qualitativer Bedürfnisse, wie eine gesunde, humane und befriedigende Umwelt sowie die Beteiligung an Entscheidungen, die das persönliche und soziale Leben, den Lebensunterhalt und die individuellen Freiheiten betreffen" ein. (Klee, 2005, S. 51)

Aus dieser Erklärung geht hervor, dass das soziokulturelle Existenzminimum sich im Zeitverlauf, abhängig von der Veränderung von gesellschaftlichen Normen, Erwartungen und Wertvorstellungen, verändern kann. Es fußt auf der ungleichen Verteilung von Vermögen und

Einkommen innerhalb einer Gesellschaft. Es existieren zwei Ansätze zur empirischen Bestimmung der relativen Armut:

1. der Ressourcenansatz

2. der Lebenslagenansatz

Basis des Ressourcenansatzes ist die Ausstattung eines Haushaltes mit finanziellen Mitteln. Der Grundgedanke ist, dass in einer marktwirtschaftlich orientierten Gesellschaft alle Güter und Dienstleistungen des Lebens käuflich erworben werden können. Dies schließt mit ein, dass bei einer ausreichenden Verfügbarkeit von Geld keine Armut vorliegt. (Hradil, 1999, S. 240) Die Armutsgrenze wird von den Regierungen festgelegt und beträgt einen bestimmten Prozentsatz vom Nettoäquivalenzeinkommen. In Deutschland und in der EU werden 60 % des nationalen Nettoäquivalenzeinkommens als Armutsrisikogrenze und 50 % des nationalen Nettoäquivalenzeinkommens als Armutsgrenze gesetzt. Im Jahr 2010 betrug der Median des Nettoäquivalenzeinkommens in Deutschland 1587 Euro pro Monat für eine Einzelperson, somit liegt die Armutsgrenze bei 952 Euro verfügbaren Einkommens. Das betrifft 15,8 % der deutschen Bevölkerung. Im Vergleich, innerhalb der EU liegt die Quote bei 16,9 %. Insgesamt liegt die Quote unter dem europäischen Schnitt.

Bestimmte Teile der Bevölkerung sind einem höheren Armutsrisiko ausgesetzt wie Alleinstehende, Alleinerziehende oder Frauen. 2010 war jede sechste Frau (16,8 %) von Armut betroffen, bei den Männern lag die Quote bei 14,9 %. Bei den Alleinstehenden sind 32,3 % von Armut betroffen (EU 25,7 %) und 37,1 % der Alleinerziehenden (EU 34,5 %). (Statistisches Bundesamt, Wirtschaft und Statistik, Deckl, 2013, S. 218ff)

Der Vorteil dieses quantitativen Ansatzes zur Bestimmung der Armutsschwelle besteht darin, dass Einkommensdaten für empirische Studien leicht zu erheben und auswertbar sind. Gleichwohl muss diese eindimensionale Herangehensweise kritisch betrachtet werden. Für die Festsetzung der Armutsgrenze auf 60 % des nationalen Nettoäquivalenzeinkommens gibt es keine wissenschaftlich abgesicherte Grundlage. Die 60 % sind ein rein willkürlicher gesetzter Wert, der nichts darüber aussagt, welcher Lebensstandard damit in einem einzelnen Land realisierbar ist. In einigen Ländern kann dieser verfügbare Einkommensanteil für ein angemessenes Leben und soziokulturelle Teilhabe ausreichend sein, in anderen Ländern deckt dieser Wert unter Umständen gerade das Existenzminimum ab. (Volkert, 2005, S. 81) Diese Definition lässt zudem außer Acht, dass selbst bei einer ausreichenden Ausstattung an finanziellen Mitteln, es bei einer unwirtschaftlichen Verwendung dieser, zu Unter-versorgungslagen in einzelnen Lebensbereichen kommen kann. Wenn beispielsweise ein großer Teil des verfügbaren Geldes für Genussgifte ausgegeben wird. (Habich, et al., 1995, S. 69)

Der Lebenslagenansatz geht über die am Einkommen ausgerichtete Armutsmessung hinaus. Zusätzlich werden hierbei Unterversorgungslagen in den wesentlichen Lebensbereichen wie Arbeit, Vermögen, Einkommen, Bildung, Wohnen, Ernährung, Gesundheit, Umwelt und immaterielle Gesichtspunkte, wie politische, kulturelle und soziale Teilhabe berücksichtigt. Lebenslagen setzen den Handlungsspielraum, in dem sich Individuen entwickeln und verwirklichen können und beeinflussen das Leben der Personen. Diese zentralen Lebensbereiche sind miteinander vernetzt und beeinflussen sich wechselseitig. (Engels, 2008, S 1ff) Beispielsweise erschwert ein geringer Bildungsabschluss den Zugang zum Arbeitsmarkt. Die Menschen werden, wenn sie einen Arbeitsplatz finden, aufgrund ihrer Qualifikation nur für geringqualifizierte Arbeiten eingesetzt, bei denen das Lohnniveau auch geringer ist, was im Vergleich zu einem niedrigeren Haushaltseinkommen führt.

Dies verdeutlicht, dass Armut nicht als ein ausschließlich eindimensionales monetäreres Problem gesehen werden kann, sondern einen mehrdimensionalen Charakter hat. Sind mehrere Lebenslagen durch Deprivationen gekennzeichnet, so spricht man von Armut. (Reichwein, 2012, S. 33) Die Operationalisierung des Lebenslagenansatzes in der Praxis erweist sich als schwierig und wird deshalb nur selten angewendet. Zur Erfassung von Unterversorgungslagen in mehreren Lebensbereichen müssen zunächst die Dimensionen und Gewichtungen der jeweiligen Lebenslagen festgelegt werden und Kriterien, die zur Bestimmung der Schwelle zwischen normaler und prekärer Lebenslage in den jeweiligen herangezogen werden. Ferner ist zu ermitteln, wie und ob eine Unterversorgung in einem Bereich durch eine Überversorgung in anderen Bereiche kompensiert werden kann. Dazu wird eine umfassende Datenlage der Gesellschaft benötigt und klare Abgrenzungen der zu untersuchenden Bereiche. Die Schwierigkeit besteht darin festzulegen, nach welchen Kriterien bestimmte Bereiche zur Untersuchung herangezogen werden und andere nicht. Diese momentan nicht klar definierten Operationalisierungsansätze und die benötigte große Datenmenge führen dazu, dass der Lebenslagenansatz in empirischen Studien wenig Anwendung findet. Gleichwohl diese Betrachtungsweise eine systematische und eingehendere Armutsberichterstattung ermöglicht als der Ressourcenansatz. (Hradil, 1999, S. 240) Die Bundesregierung hat den Lebenslagenansatz zur Analyse der sozialen Lage in Deutschland in ihrem 2. Armuts – und Reichtumsbericht aufgegriffen, um geeignete Maßnahmen zu finden Armut zu bekämpfen und soziale Teilhabe zu stärken. Eine Definition von Armut auf Basis des relativ verfügbaren Einkommens kann aus Sicht der Verfasser nicht als ausreichend angesehen werden. Dennoch lassen sich indirekt Rückschlüsse aus der finanziellen Situation eines

Haushaltes auf das Ausmaß gesellschaftlicher Teilhabe ziehen. In dem Bericht wird deutlich, dass die empirische Messung von Unterversorgungslagen in den einzelnen Lebensbereichen schwierig ist. (BMAS, 2005, S. 6ff)

In bekämpfter Armut leben Menschen, die Sozialleistungen des Staates zur Existenzsicherung beziehen, wie Arbeitslosengeld II oder Sozialhilfe. Anspruch auf Hilfe zum Lebensunterhalt haben laut Paragraph 27 des Sozialgesetzbuchs Personen, die ihren Lebensunterhalt nicht oder nicht in vollem Umfang aus eigenen Mitteln absichern können. Diese finanzielle Unterstützung setzt sich aus einem Regelbedarf, der Übernahme der Wohnungskosten und Krankenversicherungskosten zusammen.

Einem bestimmten Personenkreis wie, Schwangeren, Behinderten, Älteren oder Kranken wird ein Mehrbedarf gewährt. Einer Einzelperson steht ein Regelbedarf von 399 Euro pro Monat zu, Jugendlichen im Alter von 14 bis 18 Jahren 302 Euro, Kindern unter 14 Jahren 267 Euro und unter 6 Jahren 234 Euro. Die Höhe des Regelbedarfes wird auf Grundlage der Einkommens – und Verbrauchstichprobe des Statistischen Bundesamtes festgesetzt. (AMK Internetservice, 2005)

Die Hilfe zum Lebensunterhalt soll das soziokulturelle Existenzminimum absichern. Wer Sozialhilfe in Anspruch nimmt, gilt nicht als arm laut staatlicher Definition. Der Bezug von Sozialhilfe ist nicht mit einer Armutssituation gleichzusetzen. (BMAS, 2005, S. 7f) Dennoch reicht die Höhe des Regelsatzes nicht aus, um ein Leben zu führen, das dem allgemeinen Lebensstandard entspricht. Schon die Begrifflichkeit „ bekämpfte Armut" impliziert, dass die Menschen, die Sozialleistungen beziehen, nahe der Armutsgrenze leben. In der Armutsforschung wird dezidiert betont, dass der Bezug von Sozialhilfe ein Indiz für Armut ist. Im Gegenzug dazu wird der Begriff „ verdeckte Armut" genutzt. Unter diesen Begriff werden alle Menschen zusammengefasst, die einen Anspruch auf Sozialleistungen haben, diesen aber aus den unterschiedlichsten Gründen nicht geltend machen. Untersuchungen des Institutes für Arbeitsmarkt – und Berufsforschung haben ergeben, dass 3,1 – 4,9 Millionen Menschen auf staatliche Transferleistungen verzichten, obwohl sie aufgrund ihres geringen Einkommens Anspruch darauf hätten. Das bedeutet, dass circa jeder Dritte auf staatliche Unterstützung verzichtet. (Eubel, 2013)

Subjektive Definitionen beruhen auf individuellen Einschätzungen von Armut. Dabei werden Personen befragt, welches Mindesteinkommen sie benötigen, um sich nicht selbst als arm zu bezeichnen. Der Vorteil besteht darin, dass die Befragten ihre persönlichen Lebensbedingungen berücksichtigen. Dieser Ansatz zeigt die Abweichungen zwischen rein wissenschaftlich und politisch aufgestellten Armutsgrenzen und wie eine Gesellschaft Armut wahrnimmt und bewertet. (Scheurle, 2005, S. 102) Eine Person würde sich selbst als arm bezeichnen, wenn die eigenen finanziellen Mittel nicht ausreichen, um die eigenen Bedürfnisse zu befriedigen und sie nicht über Güter und Aktivitätsmöglichkeiten verfügt, die im Allgemeinen von der Gesellschaft als gebräuchlicher Maßstab angesehen wird. Aufgrund des großen Interpretationsspielraumes der Fragestellung sind die Ergebnisse nur bedingt valide. 2010 wurde in Deutschland und in den anderen Ländern der EU eine Umfrage zur Definition von Armut durchgeführt. Das Ergebnis zeigt, nach welchen Indikatoren die Gesellschaft Armut wahrnimmt.

Dazu wurden insgesamt 26635 Menschen befragt, 1577 davon in Deutschland – mit folgender Fragestellung: „ Es gibt unterschiedliche Vorstellungen davon, ab wann Menschen als arm bezeichnet werden. Welche der folgenden Aussagen kommt ihrer persönlichen Definition von Armut am nächsten? Menschen sind arm, wenn...."

Ein Drittel der Befragten in Deutschland war der Meinung, dass Armut sich dadurch darstellt, dass Menschen von staatlicher Unterstützung abhängig sind. Eine Aussage die sich auch in oben erwähnter Definition Simmels widerspiegelt. 30 % sehen als Ausdruck von Armut, dass eine Teilhabe am gesellschaftlichen Leben nicht möglich ist.

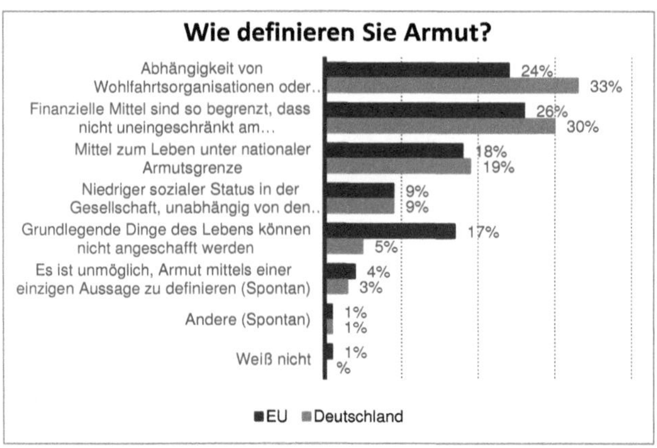

Abbildung 1 Quelle:European Commission 2014 (http://de.statista.com/statistik/daten/studie/182023/umfrage/meinung-zur-definition-von-armut/)

3. Ernährung als Aspekt in Armutsstudien

Aus der Geschichte der Menschheit ist Armut immer primär mit Nahrungsmangel verbunden. (Barlösius et al.,1995, S. 12) In der heutigen Zeit beschränkt man sich in Armutsstudien darauf festzulegen, welches Einkommen nötig ist, um den physiologischen Bedarf an Nahrungsmitteln abzudecken und bildet die Basis zur Berechnung der Höhe der Sozialhilfesätze. Das Ernährungsverhalten armer Bevölkerungsteile und die sich aus der Armutssituation ergebenden Probleme spielen dabei nur eine untergeordnete Rolle. (Feichtinger, 1995, S. 291) In England und in den USA werden Ernährungsarmut und die sich aus der Armutssituation ergebende Abänderung des Ernährungsverhaltens mit ihren sozialen Folgen stärker und systematischer erforscht. (Feichtinger, 1996, S. 4) In Deutschland werden Erhebungen zum Verzehr und Verbrauch von Nahrungsmitteln durchgeführt und der Ernährungsstatus analysiert. Anders als in den USA sind in Deutschland arme Bevölkerungsschichten in diesen Studien unterrepräsentiert. Die Nationale Verzehrsstudie II schließt beispielsweise Bevölkerungsgruppen mit einem erhöhten Armutsrisiko, wie Kinder unter 14 Jahren, Ältere, Migranten, Heimbewohner aus. Sie spiegelt somit kein Abbild der Grundgesamtheit wider und kann nur bedingt dazu herangezogen werden, um Aussagen über Ernährungsarmut und Hunger in Deutschland zu treffen. (Pfeiffer, 2014, S. 8) „Um Erscheinungsbilder, Ausmaß und Folgen von Ernährungsarmut überhaupt untersuchen und bewerten zu können, muss zunächst eine Definition von Ernährungsarmut erfolgen.“ (Feichtinger, 1995, S. 295)

4. Definition Ernährungsarmut

Essen ist ein ebenso mehrdimensionales Phänomen wie die Armut selbst. Nahrungsaufnahme dient nicht nur im physiologischen Sinne dazu, den Körper mit ausreichend Energie und Nährstoffen zu versorgen, sondern hat auch kulturelle, soziale und psychische Dimensionen. Essen ist gesellschaftlich normiert. Die gemeinsame Mahlzeit ist eine soziale Institution, die bindend vorschreibt, wie die Nahrungsaufnahme als soziale Situationen gestaltet werden sollte. Die Nahrungsaufnahme ist Ausdruck von Zugehörigkeit zu einer Gemeinschaft, die dem Einzelnen Sicherheit gibt und gleichzeitig Mittel zur Distinktion. Die sozial unterschiedlichen praktizierten Essstile sind Abbild verschiedenartiger religiöser, ethischer, regionaler und sozialer Differenzen. Essen ist auch immer mit Emotionen verbunden wie Lust, Genuss, Angst oder Ekel. Sie motivieren zum Essen oder auch Nichtessen. Diese 4 Dimensionen der Ernährung können durch eine Armutssituation in ihrer Funktionserfüllung eingeschränkt sein. (Barlösius, 2011, S. 45ff) Feichtinger entwickelt auf der Grundlage des Deprivationskonzeptes von Townsend das Konzept der Ernährungsarmut, in dem sie zwischen materieller und sozialer Ernährungsarmut unterscheidet. Materielle Ernährungsarmut ist durch eine Versorgungslage charakterisiert, in der Nahrung mengenmäßig nicht bedarfsdeckend ist. Ebenso ist der ernährungsphysiologische Wert der Nahrung gering und nicht selten von minderer hygienischer Qualität. Ausgelöst wird diese Unterversorgungslage durch geringe Ausstattung an finanziellen Mitteln oder durch einen Mangel an Lebensmitteln selbst. Kennzeichen der materiellen Ernährungsarmut in Wohlstandsgesellschaften ist, dass arme Haushalte ihre Lebensmittel unter Kostengesichtspunkten einkaufen und nicht nach ernährungsphysiologischer Qualität oder nach dem eigenen Geschmack. Die Definition bezieht auch den Einfluss der Wohnsituation und deren Auswirkungen auf Qualität und Quantität der Ernährung mit ein. So sind fehlende adäquate Lager – und Kochmöglichkeiten, Kochutensilien und ein geeigneter Essplatz Indikatoren für materielle Ernährungsarmut. Hunger als physisch spürbare Armut tritt periodisch auf, meist am Monatsende, wenn die ökonomischen Ressourcen so knapp werden, dass einzelne Mahlzeiten in ihrer Menge reduziert oder komplett ausgelassen werden müssen. Ein weiteres Kennzeichen materieller Ernährungsarmut ist das Nichterreichen der empfehlenden Mengen für Energie und Nährstoffe.

Unter sozialer Ernährungsarmut wird alles zusammengefasst, was die Einhaltung der gesellschaftlich konstituierten Sitten und Gebräuche verhindert. Die sozialen und kulturellen Funktionen der Ernährung, die über den Umgang mit Essen ihren Ausdruck finden, können nicht erfüllt werden. Die Betroffenen leiden unter der Einschränkung der psychischen und sozialen Qualität der Ernährung oft stärker als unter der materiellen. Der Verlust normaler Mahlzeitenmuster und die Abhängigkeit von Lebensmittelhilfen, wenn es keinen anderen Versorgungsweg mehr gibt, werden als stigmatisierend erlebt. Die Einschränkung der Wahlfreiheit beim Einkauf, nicht nach Genuss und Lust einkaufen zu können, nicht die Lebensmittel kaufen zu können, die für eine ausgewogene vollwertige Ernährung bedeutend sind, wird bewusst als Abweichung von gesellschaftlich normierten Ernährungsverhalten wahrgenommen und als Belastung empfunden. Auch wenn beim Einkauf durch das Zugreifen auf ein günstigeres Warenangebot die Ernährung sichergestellt werden kann. Die Eingrenzung der Wahlmöglichkeiten äußert sich beispielsweise dadurch, dass statushohe durch statusniedrige Nahrungsmittel ersetzt werden, dies spielt insbesondere bei Fleischwaren eine Rolle. Ausgaben für Kuchen, Desserts und Alkoholika werden ebenfalls aus dem Budget gestrichen. Diese Nahrungsmittel haben zwar keinen hohen Staus, sind aber durch einen hohen emotionalen Wer gekennzeichnet, da diese mit festlichen Anlässen, Genuss, Beisammensein, Freude in Verbindung gebracht werden.

Auf internationaler Ebene und in den USA spielt zur Erfassung der Ernährungssituation von armen Bevölkerungssteilen der Begriff food security eine entscheidende Rolle. Die Definition umfasst, dass allen Menschen jederzeit genügend Nahrungsmittel zugänglich sind, um die körperliche Leistungsfähigkeit und Gesundheit aufrechtzuerhalten. Dabei wird als ein Minimum der Zugang zu hygienischen und Lebensmitteln mit hohem ernährungsphysiologischem Wert festgelegt. Und auf der anderen Seite soll sichergestellt werden, dass individuell präferierte Nahrungsmittel in einer von der Gesellschaft anerkannten Weise beschafft werden können. Diese Inhalte beziehen sich auf die Definition von Gesundheit der WHO, die Gesundheit als einen Zustand des körperlichen, geistigen und sozialen Wohlbefindens bei Abwesenheit von Krankheit beschreibt. Diese Aussage konkretisiert, dass Gesundheit nicht nur als Folge einer adäquaten Nährstoffversorgung zu sehen ist. In der psychisch kräftezehrenden Armutslage nehmen die nichtbiologischen Funktionen der Ernährung einen höheren Stellenwert ein, um die psychische Gesundheit zu erhalten. Die Begrifflichkeit food security unterscheidet nicht nach materiellen und sozialen Aspekten der Ernährungsarmut, sondern komplettiert diese in einem Begriff und betont die Bedeutung der gesellschaftlichen Partizipation für die Sicherstellung der Gesundheit. Food insecurity ist die Abwesenheit von food security und führt früher oder später zu Hunger. (Feichtinger, 1995, S. 295ff)

5. Gesellschaftliche Erwartungen an arme Bevölkerungsteile

Darüber hinaus ist das Ernährungsverhalten einkommensschwacher Haushalte einer starken externen gesellschaftlichen Bewertung ausgesetzt. Sie sollen entsprechend ihrer schlechteren wirtschaftlichen Lage sich in Verzicht üben und ihren ernährungsphysiologischen Bedarf mit preiswerten Nahrungsmitteln abdecken. Es wird erwartet, dass sie sich aufgrund ihrer ökonomisch eingeschränkten Situation von individuellen und gesellschaftlichen Vorstellungen von Ernährung abwenden. Der Bedarf an Lebensmitteln soll über Discountprodukte und Sonderangebote gedeckt werden. Jegliche Ausgaben für Spontankäufe sowie zur Befriedigung individueller Geschmackspräferenzen oder Luxusernährung werden gesellschaftlich als Verschwendung betrachtet. Unter den Begriff Luxus fällt oft schon eine Nahrungsmittelauswahl, die von der Mittelschicht als Alltagskost angesehen wird.

Das Ernährungsverhalten armer Bevölkerungsgruppen ist oft Gegenstand öffentlicher Diskussionen und Äußerungen wie die des ehemaligen SPD-Arbeitsministers Müntefering oder des ehemaligen Berliner Finanzsenators Thilo Sarrazin spiegeln zum Teil die Anspruchshaltung der Gesellschaft gegenüber Armen wider und verstärken diese. So sagte Müntefering in einer Fraktionssitzung 2006, in der es unter anderem um das Thema Hartz IV ging: „Nur wer arbeitet, soll auch essen." und setzte damit ein klares Statement. (Schuler, 2006) Herr Sarrazin ging sogar so weit und entwickelte einen Speiseplan für Bezieher von Transfereinkommen und wollte beweisen, dass eine Einzelperson sich von den damals kalkulierten 4,25 Euro für Nahrungsmittel pro Tag gesund und ausgewogen ernähren kann. Nach seinen Darstellungen ist das rein rechnerisch möglich. Ein Menüvorschlag für das Abendessen sieht folgendermaßen aus: eine halbe Gurke (30 Cent), 130 g Leberkäse (56 Cent), 200 g Kartoffelsalat (34 Cent). (Schomaker, 2008) Hierin besteht aber schon der erste Denkfehler. Diese Verzehrsmengen bietet der Discounter so nicht an. Das bedeutet, dass größere Mengen dieser Nahrungsmittel gekauft werden müssen. Da die Lagerfähigkeit dieser Lebensmittel nur gering ist, bleiben nur 2 Alternativen entweder 2 – 3 Tage sich davon ernähren oder Reste über den Müll zu entsorgen, da sich die Berechnungen auf eine Einzelperson beziehen. Zum anderen fehlt es in Haushalten von Sozialhilfeempfängern oft an der technischen Ausstattung, die die Lagerung und Vorratshaltung von Lebensmitteln ermöglicht. Gefrierschränke sind keine notwendigen Haushaltsgeräte und in Asylheimen gibt es oft nicht mal Kühlschränke. (Kamensky, 1995, S. 246) Zudem wird eine umfangreiche Marktkenntnis vorausgesetzt, um diese Preise beim Einkauf realisieren zu können, über die die Allgemeinheit der Bevölkerung nicht verfügt. Eine weitere Voraussetzung um Preisvorteile nutzen zu können, ist Mobilität. In prekären Wohnlagen ist das Angebot an Lebensmitteln oft qualitativ minderwertiger, nicht so breit und meistens teurer als in wohlhabenderen Gegenden. Die Wenigsten verfügen über ein Auto und sind somit auf öffentliche Verkehrsmittel angewiesen um ihren Einkauf zu erledigen, die wiederum Geld kosten und in die Berechnung miteinbezogen werden müssten. (Feichtinger, 1995, S. 301) Bewertet man den Speiseplan aus ernährungsphysiologischer Sicht, so muss man feststellen, dass in dem Beispiel neben dem zu viel an Fett auch noch überwiegend ungesunde gesättigte Fettsäuren aufgenommen werden, Herr Sarrazin Getränke nur ungenügend miteinberechnet und auch die empfohlene tägliche Menge an Obst (250 g) und Gemüse (400 g) nicht erreicht werden. Statushohe Lebensmittel kommen nicht in seinen Vorschlägen vor und werden durch Hackfleisch, Bratwurst ersetzt, wie es auch von der Gesellschaft erwartet wird. Der Regelsatz wurde 2015 auf 399 Euro für eine Einzelperson erhöht und somit der Tagessatz für Nahrungsmittel auf 4,72 Euro für eine Einzelperson. Nach eigenen Schätzungen wird damit gerade die Preissteigerungsrate abgedeckt.

Laut Einkommens - und Verbrauchstichprobe von 2008 belaufen sich die durchschnittlichen Ausgaben privater Haushalte für Nahrung und Getränke auf 246 Euro pro Monat und das tägliche Budget für Lebensmittel beträgt somit 8,20 Euro.(DESTATIS, 2012) Folglich lässt sich feststellen, dass ein erhöhtes Risiko für Ernährungsarmut schon im Regelsatz beinhaltet ist. Ferner sind Einsparungen bei der Ernährung am einfachsten umzusetzen, wenn Ausgaben für andere Bedürfnisse oder unvorhergesehene Anschaffungen getätigt werden müssen, die nicht oder nicht ausreichend im Regelsatz vorgesehen sind. Laut einer Untersuchung des Instituts für Sozialforschung und Gesellschaftspolitik betragen die tatsächlichen Ausgaben für Nahrungsmittel oft weniger als die Hälfte des veranschlagten Betrages. Dies geschieht häufig um dem Konsumdruck standzuhalten und die eigene problematische finanzielle Situation nicht nach außen zu zeigen. So wird das Risiko nochmals erhöht, durch die täglichen Ausgabenzwänge, die nicht ausreichend abgedeckt werden. (Kamensky, 1995, S. 244)

6. Ist die Höhe der Sozialleistungen ausreichend für eine ausgewogene, gesunde Ernährung?

Das Forschungsinstitut für Kinderernährung Dortmund (FKE) kommt nach einer 2007 veröffentlichen Studie eindeutig zu dem Ergebnis, dass ab einem bestimmten Alter die staatliche Hilfe nicht ausreichend ist, um eine gesunde Ernährung für Kinder zu realisieren. Stand Februar 2012 waren 1,6 Millionen der unter 15 Jährigen auf Sozialleistungen angewiesen und bilden die größte Gruppe der Sozialleistungsempfänger, wodurch die Brisanz der Ergebnisse des FKE verstärkt wird.(BMFSFJ, 2013, S. 98) Um eine klare Aussage treffen zu können, wurden zunächst die Kosten für eine optimale Versorgung mit Nährstoffen und Energie von Kindern in unterschiedlichen Einkaufsstätten ermittelt. Als Basis für die Ermittlung der Lebensmittelkosten wurde das Konzept der optimierten Mischkost für Kinder und Jugendliche zugrunde gelegt. Dabei wurde auf Grundlage der Lebensmittelpreise von 2004 errechnet, dass im Discounter 1,67 Euro für 1000 Kilokalorien ausgegeben werden müssen, im Supermarkt 2,66 Euro und im Biomarkt 4,64 Euro. Die Regelleistungen sind nach Alter gestaffelt. So stehen nach der letzten Anpassung Kindern von 0 - 6 Jahren 2,77 Euro pro Tag für die Ernährung zur Verfügung, in der Altersklasse 6 – unter 14 Jahren sind es 3,16 Euro und den über 14 Jährigen 3,57 Euro. Der Kilokalorienverbrauch steigt bei Kindern mit zunehmenden Alter aufgrund des Wachstums stark an. Rechnet man die Kosten je 1000 Kilokalorien auf den altersentsprechenden Bedarf um, so muss man auch nach der Anhebung zu dem Schluss kommen, wie das FKE 2007, dass ab dem Alter von 4 Jahren eine ausgewogene , gesunde Ernährung selbst bei sehr preisbewusstem Einkauf schwer realisierbar ist.
In der Altersklasse 4 - 6 Jahre liegt der tägliche Bedarf bei 1450 Kilokalorien. Geht man davon aus, dass alle Nahrungsmittel im Discounter gekauft werden, müssen dafür 2,42 Euro ausgegeben werden. In der Regel sind aber wegen des schmalen Sortiments der Discounter Zukäufe im Supermarkt notwendig. Nimmt man dann den Mittelwert von Discounter und Supermarkt für 1000 Kilokalorien von 2,16 Euro, so müssen 3,12 Euro ausgegeben werden für 1450 Kilokalorien. Das sind 0,35 Euro die jeden Tag für eine gesunde Ernährung fehlen oder monatlich 10,50 Euro. Mit steigendem Alter wird die Differenz zwischen verfügbarem Budget und den Kosten der Ernährung immer größer. Im Teenageralter hat der Mensch den höchsten Energiebedarf. Bei 13 – 14 Jährigen Jungen liegt dieser bei 2700 Kilokalorien. Diese kosten 4,51 Euro bei ausschließlicher Abdeckung der benötigten Lebensmittel im Discounter 4,51 Euro, bei Rechnung mit dem Mittelwert sogar 5,83 Euro. Dem gegenüber steht ein errechneter

Tagessatz von 3,57 Euro. So fehlen im Schnitt 1,60 Euro jeden Tag oder monatlich 48 Euro. Noch prekärer wird die Situation, wenn die Kinder mittags außer Haus im Kindergarten oder in der Schule verpflegt werden. Ein warmes Mittagessen kostet im Schnitt 2,30 Euro, damit wäre schon fast der komplette Tagessatz aufgebraucht. Auch der im Regelsatz mit 2 % enthaltende Punkt „ Beherbergungs – und Gaststättendienstleistungen, der monatlich einen Betrag zwischen 4,68 Euro und 6,04 Euro ausmacht, kann keineswegs als ausreichend angesehen werden. Mit diesem Betrag können zwei warme Mahlzeiten pro Monat bezahlt werden. Die Höhe der Regelsätze für Erwachsene werden auf Grundlage der vom Statischen Bundesamt durchgeführten Einkommens – und Verbrauchsstichprobe bestimmt. Als Maßstab werden die Konsumausgaben der 20 % der unteren Einkommensklassen angenommen. Die Sozialleistungen für Kinder und Jugendliche werden vereinfacht runtergerechnet. Dabei wird völlig außer Acht gelassen, dass die Lebensmittelkosten mit dem steigenden physiologischen Bedarf im Wachstum stark ansteigen und sogar den Bedarf eines durchschnittlichen Erwachsenen zeitweise übersteigen. Vor dem Hintergrund das eine gesunde Ernährung eine präventive Wirkung auf die Entstehung chronischer Krankheiten hat und ein gesundes Ernährungsverhalten schon im Kindesalter gelernt wird, sollten Überlegungen angestellt werden, wie ein bedarfsdeckender Regelsatz errechnet werden könnte. (Kersting, et al., 2007, S. 508ff) Angesichts der steigenden Kosten im Gesundheitssystem für chronische ernährungsassoziierte Erkrankungen, bleibt zu klären, ob eine Investition in höhere Regelsätze für Kinder und damit in ihre Gesundheit, nicht sinnvoller wäre und somit langfristig Gesundheitskosten gesenkt werden könnten.

Die Deutsche Gesellschaft für Ernährung hat eine Untersuchung in Auftrag gegeben, um die allgemeine öffentliche Diskussion, ob eine vollwertige Ernährung für Bezieher von Sozialleistungen möglich ist, mit wissenschaftlichen Fakten zu belegen. Die Berechnungen basieren auf den von der Deutschen Gesellschaft empfohlenen Verzehrsmengen und die aus der 2003 erhobenen Einkommens – und Verbrauchsstichprobe ermittelten der Kosten für eine vollwertige Ernährung. Die Mengenvorschläge orientieren sich am DGE - Ernährungskreis und den 10 Regeln der DGE. Verlust durch Abfall und Zubereitung wurden miteinberechnet, um so die tatsächliche Einkaufsmenge zu ermitteln. Im Ergebnis belaufen sich die durchschnittlichen monatlichen Ausgaben für eine vollwertige Ernährung auf 186 Euro Person. Erfolgt der Einkauf der Lebensmittel sehr preisbewusst, so sind die monatlichen Ausgaben für Lebensmittel zwischen 92 und 119 Euro anzusetzen. Der Regelsatz sieht 141,65 Euro im Monat für Nahrungsmittel vor. Betrachtet man die reinen Zahlenwerte, so ist festzustellen, dass der Betrag theoretisch eine vollwertige Ernährung von Erwachsenen sicherstellen kann, wenn relativ fleischarm gegessen wird. (Karg, et al., 2008, S. 216ff) Allerdings beschränkt sich diese Berechnung vorrangig auf die physiologische Funktion der Ernährung, soziale und kulturelle

Aspekte werden weniger berücksichtigt, wie zum Beispiel der Außer – Haus – Verzehr oder Genusseinkäufe.

7. Ernährungsalltag in armen Haushalten

Die theoretischen Berechnungen, ob eine ausgewogene Ernährung im Rahmen der Sozialleistungen möglich ist, berücksichtigen nur marginal die Lebensumstände und Probleme denen sich Menschen in Armutslagen stellen müssen. Die Höhe des Regelsatzes stellt den finanziellen Handlungsspielraum dar. Die Ausgaben für Lebensmittel konkurrieren mit den Ausgaben für Freizeit, Gesundheit, Kultur, Bildung, Kleidung und andere Güter und Dienstleistungen. In einkommensschwachen Haushalten nimmt die Ernährung nur einen sekundären Stellenwert ein. Unmittelbare Probleme, wie Arbeitsplatzsuche, Konfliktlösung innerhalb der Familie, finanzielle Probleme und deren Auswirkungen stehen alltäglich im Vordergrund und müssen bewältigt werden. (Kamensky, 1995, S. 253) In der Gießener Ernährungsstudie über das Ernährungsverhalten von Armutshaushalten (GESA), in deren Rahmen Haushalte zu ihrem Ernährungsverhalten und - wissen befragt wurden, wird die Problematik sehr deutlich. Eine Antwort lautete sinngemäß: „Ich bin ganz ehrlich, ich weiß es nicht, darüber habe ich mir noch nie Gedanken gemacht." (Lehmkühler, 2002, S. 211)

Die Unterschiede zwischen den sozialen Klassen hinsichtlich des Ernährungsverhaltens und der Präferenzen hat schon Bourdieu verdeutlicht. Die untere Klassenlage muss aus der Notwendigkeit heraus auf „nährende wie sparsame Nahrung" zugreifen. Er nennt dies auch den „Notwendigkeitsgeschmack", um die physische Arbeitskraft zu erhalten. Dem gegenüber steht der „ Luxusgeschmack" der durch Wahlfreiheit beim Konsum, aufgrund der größeren Kapitalausstattung, gekennzeichnet ist. Ausgaben für kalorienarme und fettarme Nahrungsmittel steigen mit zunehmenden Einkommen versus in den unteren Klassen überwiegend kalorienreiche und fettreiche Lebensmittel verzehrt werden, wie Nudeln, Kartoffeln, fettes Fleisch und auch mehr Alkohol. (Bourdieu, 1982, S. 288ff)

Aus der Nationalen Verzehrstudie II und anderen Studien geht hervor, dass es Zusammenhänge zwischen Schichtzugehörigkeit und der Verzehrshäufigkeit von bestimmten Nahrungsmittelgruppen gibt. In Haushalten, die von Transferleistungen leben, steht der ernährungsphysiologische Wert der Lebensmittel nicht im Vordergrund. Für die Auswahl sind Preis, Sättigungsgrad und Geschmack entscheidend. (Kamensky, 1995, S. 248) So werden in diesen Haushalten weniger Obst und Gemüse, Frischfleisch, fettarme Fleisch – und Wurstwaren und Michprodukte verzehrt als in finanziell besser gestellten Haushalten. Dafür werden mehr Kartoffeln, Teigwaren, Brot und zuckerhaltige Getränke konsumiert. Der Verzehr von Obst und Gemüse ist abhängig von Einkommen, sinkt dieses, so sinkt auch der Verzehr in diesen Lebensmittelgruppen. In kinderlosen Haushalten werden Milchprodukte nur noch in Form von Kondensmilch und gegebenenfalls Käse und Quark aufgenommen. Butter wird durch preislich günstigere Margarine ersetzt. Mageres Geflügelfleisch oder Fisch stehen selten auf dem Speiseplan. Gleichwohl ist in finanziell schwächeren Haushalten ein erhöhter Kaffeekonsum festzustellen. Die Deutsche Gesellschaft für Ernährung empfiehlt 5 Mahlzeiten pro Tag aufzunehmen. Sozialhilfeempfänger nehmen geschätzt nur zwei bis drei Mahlzeiten pro Tag auf. Gerade bei jungen Familien werden häufig Fertiggerichte zubereitet. Sie sind bei oft fehlenden Kochkenntnissen und minimaler Küchenausstattung eine preiswerte und zeitsparende Alternative.

Ab dem 20. des Monats verändert sich die Ernährung sehr offenkundig, da das Geld nur bis zu diesem Zeitpunkt ausreicht. Die Betroffenen bezeichnen diesen Zeitraum als Gummiwoche oder Ziehtage. Der Begriff beschreibt, wie die Ernährung in den verbleibenden zehn Tagen bis zum nächsten Geldeingang gestaltet wird. Lebensmittelvorräte werden aufgebraucht und eventuell noch vorhandene Geldmittel werden auf die verbleibenden Tage aufgeteilt Die Ernährung ist beschränkt auf einseitige kohlenhydratreiche Kost. Nudeln haben ein günstiges Preis – Leistungsverhältnis und sind sättigend. So gibt es als warme Hauptmahlzeit in diesem Zeitraum oft Nudeln mit Ketschup. Frühstück und Abendessen entsprechen sich stark bei der Zusammenstellung. Es gibt Brot mit Wurst, Marmelade, Käse. Quantität steht vor Qualität, Fleisch, Obst, Gemüse werden in dieser Zeit komplett vom Speiseplan gestrichen. (Kamensky, 1995, S. 250) Sind die finanziellen Reserven und Lebensmittelvorräte nicht ausreichend, helfen Verwandte oder Bekannte mit Geld oder Lebensmitteln bis zum Ende des Monats aus. Da das Haushaltsgeld jeden Monat nicht ausreichend ist, können jährlich sich bis zu 120 Tage aufsummieren, die durch Ernährungsarmut gekennzeichnet sind und partiell auch durch Hunger geprägt sein können. (Lehmkühler, 2002, S. 216ff)

Die Gießener Ernährungsstudie über das Ernährungsverhalten von Armutshaushalten stellt fest, dass neben dem finanziellen Mitteln vor allem die vorhandenen Fähigkeiten und Fertigkeiten für die Zubereitung von Mahlzeiten und das Interesse für Ernährung ausschlaggebend für das Ernährungsverhalten sind und bei Nichtvorhandensein einer gesunden Ernährung konträr entgegenstehen stehen können. Oft fehlt es in den Haushalten der Betroffenen an einer funktionstüchtigen Küchenausstattung oder notwendige Haushaltsgegenstände zur Zubereitung bestimmter Mahlzeiten fehlen ganz. (siehe Beispiel Familie Pieper, fehlen einer Auflaufform, Lehmkühler, 2002, S. 221ff)

Das Einkaufsverhalten ist dadurch gekennzeichnet, dass am Monatsanfang mit Zugang der Sozialhilfeleistungen große Vorräte an Konserven und Grundnahrungsmitteln angelegt werden. Hier stellt sich für viele eine logistische Herausforderung. Der Transport der eingekauften

Waren muss überwiegend mit öffentlichen Verkehrsmitteln, auch durch Taxifahrten bewältigt werden. Somit entstehen wieder Extrakosten. Zum anderen sind ein entsprechender Lagerraum und eine Tiefkühltruhe nötig, über die nur die wenigsten Haushalte verfügen. So werden häufig Konserven und ungekühlt lagerfähige Produkte gekauft, obwohl ernährungsphysiologisch Tiefkühlgemüse wertvoller wären. Am Monatsende können Preisvorteile durch den Kauf von Großpackungen nicht mehr realisiert werden, da das Geld fehlt. Dies zeigt, dass einkommensschwache Haushalte ihr geringes Budget nicht optimal einsetzen können. (Kamensky, 1995, S. 246)

Losgelöst von einer Erhöhung der Sozialhilfeleistungen könnte ein Angebot von Beratung und Wissensvermittlung im Bereich Haushalt und Ernährung als Hilfe zur Selbsthilfe fungieren. Dabei müsste zielgruppenorientiert vorgegangen werden, unter Berücksichtigung der sich wechselseitig bedingenden Problemlagen, und praxisnah Handlungsoptionen den Betroffenen aufgezeigt werden. Dadurch könnten die Ernährungssituation und das Ernährungsverhalten in einkommensschwachen Haushalten in eine positive Richtung verändert werden. (Kamensky, 1995, S. 252f)

Ernährungsarmut tritt nicht nur in Form unzureichender Zufuhr von Lebensmitteln auf, die unter ernährungswissenschaftlichen Gesichtspunkten für eine ausgewogene Ernährung notwendig sind, sondern findet ihren Ausdruck auf der anderen Seite auch darin, dass kulturelle und soziale Funktionen des Essens nur bedingt befriedigt werden können. Pfeiffer spricht in diesem Zusammenhang von „alimentärer Teilhabe", von der einkommensschwache Haushalte ausgeschlossen sind. (Pfeiffer, 2014, S. 13) Sie beschreibt alimentäre Teilhabe am Beispiel des Auswärtsessengehens: „ Wo wir wie, mit wem und zu welchen Anlässen essen gehen; welches kulturelle Setting wir wählen; ob wir die adäquaten Tischsitten beherrschen und die angesagten Nahrungsmittel kennen – und ob wir darüber hinaus fähig sind, dem permanenten Wandel von Tisch – und Nahrungsmoden zu folgen: An all dem prüft, dokumentiert und ermöglicht sich unser Angekommensein und Dabeisein in einer individualisierten und pluralisierten Gesellschaft." (Pfeiffer, 2014, S. 14) Ein Restaurantbesuch dient nicht in erster Linie der Befriedigung physischer Bedürfnisse, soziale Bedürfnisse stehen im Vordergrund. Dem Wunsch nach Zusammensein außerhalb der eigenen vier Wände nachzugeben, ist für Empfänger von Sozialleistungen ein finanzieller Aufwand, der nur zu realisieren ist, wenn an anderer Stelle, oft an existentieller, große Einsparungen vorgenommen werden. Im Regelsatz werden für eine vierköpfige Familie mit zwei Kindern unter 14 Jahren rund 26 Euro für Gaststättendienstleistungen veranschlagt. Im Durchschnitt werden 11,70 Euro für einen Restaurantbesuch pro Person in Deutschland ausgegeben. (Henning, 2008) In Haushalten mit einem höheren sozioökonomischen Status gehört der Restaurantbesuch zum

Lebensstandard dazu. Verabredungen zum Essen werden getroffen, um soziale Kontakte zu pflegen und öffentlich soziale Distinktion darzustellen. (Prahl et al., 1999, S. 56f) Neben dem gemeinsamen Genuss der Gerichte, spielt vor allem die Kommunikation eine entscheidende Rolle. Ärmere Haushalte haben entschieden weniger Möglichkeiten der alimentären Teilhabe über Restaurantbesuche. Als Paar wäre es möglich, sich einmal im Monat mit Freunden zum Essen zu verabreden, wenn dabei der Anteil der Kinder verbraucht wird. Das heißt aber auch, dass ein gemeinsamer Restaurantbesuch als Familie in dem Monat nicht möglich ist. Viele Familien mit Kindern besuchen aufgrund ihrer geringen monetären Ausstattung vorzugsweise Fast - Food – Ketten, um ihren Kindern und auch sich selbst den Erlebnischarakter eines Restaurantbesuches bieten zu können. (Kamensky, 1995, S. 251) Von alimentärer Teilhabe über den Restaurantbesuch der Sozialhilfeempfänger kann dementsprechend nicht gesprochen werden, erst Recht nicht im Hinblick auf die Möglichkeit das vielfältige Angebot an Restaurants auszuprobieren und sich mit unterschiedlichen Personen zu verabreden. (Pfeiffer, 2014, S. 15) Berücksichtigt man, dass durch den Regelsatz bestimmte Ausgaben nicht oder nur in geringem Umfang abgedeckt werden, die aber getätigt werden müssen und somit an anderer Stelle eingespart werden müssen, so kann davon ausgegangen werden, dass der Restaurantbesuch oder der Besuch eines Cafés finanziell eigentlich nicht möglich ist. „Strenggenommen lässt der Regelsatz also nur eine einzige Befriedigung zu: den physischen Hunger zu stillen." (Kamensky, 1995, S. 252)

8. Gesundheitliche Auswirkungen der Armutssituation

Armut macht krank oder Krankheit macht arm. Dieser Satz spiegelt die Wechselwirkung zwischen Einkommen und dem Auftreten potentieller und diagnostizierter Erkrankung wider. Chronisch kranke Menschen haben auf dem Arbeitsmarkt schlechtere Chancen und sind somit einem höheren Armutsrisiko ausgesetzt. (Robert Koch-Institut, Lampert et al., 2005, S. 35) Zum anderen zeigen Menschen der unteren Einkommensklassen eine Lebensweise, die die eigene Gesundheit negativ beeinflusst. In der heutigen Zeit zählen zu den häufigsten Erkrankungen Herz – Kreislauf – Erkrankungen, Diabetes mellitus, Krebserkrankungen und das Metabolische Syndrom. Risikofaktoren für die Entstehung dieser Krankheiten sind neben einer genetischen Prädisposition vor allem der Lebensstil. Rauchen, Bewegungsmangel und eine ungesunde Ernährungsweise beeinflussen in hohem Maß die Entstehung dieser Krankheiten. (Hermann—Kunz, 1995, S.161) Aus dem Mikrozensus von 2003 und dem sozio - ökonomischen Panel von 2002 geht eindeutig hervor, dass mit geringerem Einkommen der Tabakkonsum steigt. (Lampert et al., 2005 S. 30) Obwohl die Ausgaben für Tabak im Regelsatz nicht enthalten sind und somit den finanziellen Handlungsspielraum beträchtlich schmälern, wird selten auf den Genuss der Zigarette verzichtet. Als Gründe für das Rauchen werden angegeben: belastende

Situationen, Gewohnheit, Rauchverhalten des Umfeldes und sozialer Druck (Lehmkühler, 2002, S. 214) Vergleichbare Aussagen können hinsichtlich des Bewegungsverhaltens getroffen werden. In der Altersstufe von 18 – 64 Jahren liegt in den unteren Einkommensschichten die größte sportliche Inaktivität vor. Der Anteil der Inaktiven ist bei Männern wie Frauen im mittleren Alter 1,5 - bis 2 -mal so hoch wie in einkommensstärkeren Gruppe (Lampert et al., 2005, S. 30) Ein ähnliches Bild zeigt bei der sportlichen Freizeitgestaltung von Kindern. In der Studie zur Gesundheit von Kindern und Jugendlichen in Deutschland (KiGGS) wurde festgestellt, dass gerade bei Mädchen aus sozial schwachen Familien die sportliche Aktivität viel geringer ist als im Durchschnitt. Als mögliche Gründe dafür können die Kosten angesehen werden, die beispielsweise für eine Vereinsmitgliedschaft, Sportartikel und Sportbekleidung sowie Fahrten zum Sportverein aufgebracht werden müssen. Darüber hinaus ist vielen Elternteilen gar nicht bewusst, durch fehlendes Wissen oder Interesse, dass Sport gesundheitlichen Risikofaktoren entgegenwirkt und einen positiven Einfluss auf Körpergewicht, Skelett und Muskulatur hat, sowie positive Effekte auf Physiomotorik und Psyche. (Ellert, et al. 2013, S. 21f)

Die Förderung der sportlichen Aktivität im Kindesalter gewinnt vor dem Hintergrund, dass bereits fünf Prozent aller eingeschulten Kinder ädipös sind, zunehmend an Bedeutung. Dabei liegt die Quote bei Kindern aus einkommensschwachen Familien bei 8,8 % und bei 3,7 % bei Kindern, die aus einkommensstarken Familien kommen. (Gross, et al., 2015, S. 30) Kinder bilden eine große Gruppe der von Armut Betroffenen. Kinder, die in Armut aufwachsen, fehlt es oft an Vorbildern und Anleitung zu gesunder Ernährung, so dass sich Fehl – und Mangelernährung im Erwachsenenalter fortsetzen und das Risiko für eine chronische Erkrankung erhöhen. In Familien mit geringem sozioökonomischem Status legen nur 47 Prozent der Eltern Wert auf eine gesunde Ernährung ihrer Kinder, im Vergleich bei Familien mit hohem sozioökonomischem Status sind es 76 Prozent der Eltern. (Nestle Studie, 2011, S. 3) Klocke untersuchte den Einfluss sozialer Ungleichheiten auf das Ernährungsverhalten von Kindern und Jugendlichen. Die Ergebnisse sind Abbild der oben genannten Wertvorstellungen. Es besteht ein linearer Zusammenhang zwischen sozialer Lage und Ernährungsqualität. Kinder aus sozial schwachen Familien konsumieren häufiger Lebensmittel, die nicht gesundheitsfördernd sind. Vor allem Pommes, Chips, Süßigkeiten und zuckerhaltige Limonaden. Lebensmittel, die allgemein zu den gesunden Nahrungsmitteln zählen, wie Vollkornprodukte, fettreduzierte Milchprodukte, Obst und Gemüse hingegen signifikant weniger. (Klocke, 1995, S. 193) Häufig werden Kinder auch mit Süßigkeiten über die von Deprivation gezeichnete häusliche Lage hinweggetröstet und von den Eltern benutzt, um ihr schlechtes Gewissen zu beruhigen, weil sie ihren Kindern nicht viel an anderen materiellen Dingen bieten können. (Kamensky, 1995, S. 251) Gesunde Ernährung hat bei Frauen einen höheren Stellenwert. Sie beschäftigen sich mehr mit ihrer Gesundheit und ihrem Körper und dem Einfluss der Ernährung auf das körperliche Wohlbefinden. So ist bei alleinerziehenden Müttern, die von Sozialhilfe leben, festzustellen, dass diese ein größeres Augenmerk auf die gesunde Ernährung ihrer Kinder haben und sich und ihre Bedürfnisse dafür hintenanstellen.

Auch bei Erwachsenen zeichnet sich ab, dass das Übergewicht ungleich verteilt ist, obwohl die Deutschen insgesamt zu dick sind. In Deutschland ist jeder Fünfte adipös, das heißt es liegt ein Body Maß Index von über 30 kg/m² vor. In den unteren Klassen sind es 25 % der Männer und nur 13,1 % in den oberen Einkommensschichten. Ein noch stärkerer Unterschied liegt bei den Frauen vor. In der Unterschicht sind 35,3 % adipös, in der Oberschicht nur noch 10 %. Es besteht ein Zusammenhang zwischen Schulbildung, Einkommenssituation und Gewicht. Je höher die Schulbildung und das Einkommen, desto geringer der Body Maß Index. (Max Rubner Institut, Ergänzungsbericht NVS II, 2008) Adipositas wird häufiger bei Menschen der unteren Einkommensgruppen diagnostiziert, da deren Entstehung durch die ungünstige Ernährungsweise und sportliche Inaktivität in diesen Haushalten begünstigt wird. Die Einschränkungen der Nahrungsmittelauswahl bei der Vielfalt und die Konzentration auf fettreiche und zuckerhaltige Lebensmittel stellt keine ausgewogene und vollwertige Ernährung sicher. Der geringe Konsum von Lebensmitteln mit einer hohen Nährstoffdichte und einer geringen Energiedichte, wozu Obst und Gemüse zählen und der hohe Konsum von Lebensmitteln mit einer hohen Energiedichte, wie Fleischerzeugnisse und Wurstwaren sowie zuckerhaltige Limonaden erfüllen nicht die Anforderungen der Deutschen Gesellschaft für Ernährung hinsichtlich der Definition einer gesunden Ernährungsweise. Preis und Sättigungsgrad bestimmen die Lebensmittelauswahl beim Einkauf. Das viele Erkrankungen ernährungsassoziiert sind oder die Progredienz bereits bestehender Erkrankungen über eine gesunde Ernährungsweise positiv beeinflusst werden kann, bleibt in den Handlungsabläufen unberücksichtigt. So wird über alle Teile der deutschen Bevölkerung insgesamt ein zu hoher Fettverbrauch und zu geringer Obst – und Gemüseverzehr festgestellt, aber in den unteren Einkommensklassen finden sich Konsummuster, die auf eine sehr einseitige unausgewogene Ernährung hindeuten. Der überwiegende Verzehr von billigen tierischen Fetten in Form von verarbeiteten Fleischwaren und Wurstwaren, die einen hohen Anteil an gesättigten Fettsäuren haben, ist ein Risikofaktor für das Entstehen einer Herz – Kreislauf – Erkrankung und damit von koronaren Ereignissen. Fette sind allgemein Hauptenergielieferant mit 9 Kilokalorien pro 100 Gramm und eine zu hohe Aufnahme forciert die Entstehung von Übergewicht. Übergewichtige Menschen haben ein höheres Risiko an Hyperlipidämien, Diabetes mellitus, Hypertonie zu erkranken, das Arteriosklerose Risiko steigt und somit die Entstehung koronarer Erkrankungen. Im Gegenzug werden protektive Lebensmittel, die die Entstehung bestimmter Krankheiten verhindern können nur in geringem Maß verzehrt. Obst, Gemüse und Vollkornprodukte enthalten neben essentiellen Vitaminen und Mineralstoffen, die der Körper für Stoffwechselvorgänge benötigt, auch sehr viele Ballaststoffe, die unter anderem für die Darmgesundheit zentral sind. Die Relevanz der Ernährung für die Gesundheit ist unter den gegebenen Bedingungen; begrenzte finanzielle Ressourcen, unzureichendes Wissen über gesundheitsförderliche Zubereitung der Speisen und der damit verbundene Einkauf von entsprechenden Lebensmitteln, fehlende Haushaltsgegenstände, nur von marginaler Bedeutung. (Köhler, 1995, S. 280ff) Die Auswirkungen der Ernährungsgewohnheiten auf die Vitaminversorgung sind laut Untersuchungen jedoch gering. Bei Männern gibt es innerhalb der unterschiedlichen Einkommensklassen keine signifikanten Unterschiede, was möglicherweise darauf zurückzuführen ist, dass sie insgesamt quantitativ mehr Nahrung zu sich nehmen. Bei Frauen in den unteren Einkommensklassen ist der Versorgung mit Vitamin A, C und Beta – Carotin schlechter. Die Versorgung mit Vitamin C wird nicht nur über den Verzehr von Obst und Gemüse beeinflusst. Der Konsum von Zigaretten hat einen negativen Einfluss auf den Vitamin C – Status. Da in den unteren Klassen vermehrt geraucht wird, verstärkt dies den Mangel an Vitamin C. Insgesamt ist die Nährstoffversorgung entsprechend und es besteht nicht die Gefahr eines Nährstoffmangels und damit verbundener Erkrankungen. (Adolf, 1995, S. 105)

Das gesundheitsriskante Verhalten hat nicht nur Auswirkungen auf das Auftreten und die Häufigkeit des Auftretens von Krankheiten und Beschwerden, sondern verringert auch die Lebenserwartung. Bei Männern liegt die durchschnittliche Lebenserwartung bei 70, 1 Jahren in den unteren Klassen versus 80,9 Jahren in den höchsten Einkommensklassen. Analog betragen die Werte bei den Frauen 76,9 und 85,3 Jahre. So ist das Mortalitätsrisiko bei Männern um das 2, 7 fache und bei Frauen um das 2,4 fache in den unteren Einkommensschichten höher als in den höheren Einkommensschichten. Einkommensspezifische Disparitäten zeigen sich auch in der Lebenserwartung. Die Differenzen innerhalb der sozialen Schichten belaufen sich bei Männern auf 10,8 Jahre und bei Frauen auf 8,4 Jahre.

Gesundheit wird nicht nur durch die Abwesenheit körperlicher Erkrankungen bestimmt. Soziale Ungleichheiten spiegeln sich auch im Auftreten psychischer Erkrankungen wider. Menschen der unteren Schicht sind häufiger von affektiven, somatoformen und Angststörungen betroffen und häufig treten diese kumulativ auf. Besonders affektive Störungen treten bei Frauen häufiger auf. (Lampert, et al., 2008, S. 11ff) Der ständig präsente Problemdruck und Perspektivlosigkeit verbunden mit dem Gefühl geringer Selbstwirksamkeit und Handlungsoptionen sind psychisch stark belastend. Die wenigen Möglichkeiten zur gesellschaftlichen Partizipation aufgrund fehlender monetärer Ressourcen führen zu sozialer Isolation. Bei depressiven Erkrankungen ist der soziale Rückzug ein Symptom, die Erkrankung wird aber dadurch noch verstärkt und aufrechterhalten. Ein Durchbrechen der Depressionsspirale scheint in der Armutssituation fast unmöglich. Belastungen führen zu Stresssymptomen, wenn Gefühle der Hilflosigkeit und des Ausgeliefertsein entsteht, wenn keine Handlungsmöglichkeiten gesehen werden, die Situation aus eigenen Kräften zu verändern und die Kontrolle zu haben. So sind bei einem Bezieher von Sozialhilfe ähnliche Symptome von Stress festzustellen wie bei einem Top – Manager. Essen wird in solchen Situationen oft genutzt um Gefühle der Frustration, Wut, Trauer und Langeweile zu unterdrücken. Essen übernimmt die Funktion der Ersatzbefriedigung für soziale Anerkennung über den Beruf, das Ausüben einer sinnstiftenden Beschäftigung, wird zu einer Bewältigungsstrategie und fördert somit unmittelbar eine über den Bedarf hinausgehende Versorgung mit Energie und führt in der Konsequenz zu Übergewicht und den damit verbundenen Folgeerkrankungen. (Kamensky, 1995, S 251)

Durch die enge Verknüpfung von Armut, Ernährung und die sich daraus ergebenen Gesundheitsrisiken müssen in erster Linie Maßnahmen zur Bekämpfung der Armut und Abschaffung der sozialen Ungleichheiten entwickelt werden, um daraus entstehende gesundheitliche Ungleichheiten zu beseitigen. (Köhler, 1995, S. 289)

9. Fazit.

Die Zusammenhänge zwischen Ernährung und relativer Armut in Deutschland sind vielfältig und komplex. Die Teilbereiche Bildung, finanzielle Ressourcen und Gesundheit sind eng miteinander verzahnt und daraus resultiert letztendlich das Gesamtproblem. Das Sozialstaatliche System bekämpft auf der einen Seite Armut durch die Zahlung von Transferleistungen, aber in einer Art und Weise, die materielle wie soziale Ernährungsarmut erzeugt. Der Staat sieht sich nicht mehr in der Verantwortung der Nahrungssicherung, bisher eine Quelle der Legitimation von Herrschaft. (Barlösius, 2011, S. 11) Wissenschaftliche Berechnungen, die im Ergebnis zu einer Erhöhung der staatlichen Leistungen führen müssten, werden von der Seite der Politik bislang ignoriert. Um die gravierenden Folgen für Gesundheit, Lebensqualität und Lebenserwartung zu beseitigen fehlen zielgruppenspezifische Präventionsmaßnahmen. Gerade im schulischen Bereich sollte der Fokus verstärkt auf eine Vermittlung von grundlegendem Ernährungswissen gelegt werden. Hier erreicht man die breite Masse von Kindern, die von ihrem Elternhaus wenig Wissen bezüglich der Ernährung vermittelt bekommen und auch keine adäquaten Vorbilder hinsichtlich des Ernährungsverhaltens in ihrem Umfeld haben. Die gesellschaftliche Partizipation über das Essen ist ebenso wichtig für die Gesundheit wie die Sicherstellung der physischen Existenz durch die Nahrungsaufnahme. In Deutschland übernimmt die Tafel immer mehr die Aufgabe des Staates der Nahrungssicherung, indirekt erhöht sich dadurch für die Nutzer auch die

Möglichkeit der gesellschaftlichen Teilhabe, da sie finanzielle Mittel einsparen und an anderer Stelle ausgeben können. Zum anderen werden in großem Umfang frische Nahrungsmittel, wie Obst und Gemüse verteilt, die einen Beitrag zur gesunden Ernährung leisten. Allerdings ist das Angebot der Tafel stark abhängig von den Leistungen der Sponsoren, so dass kein kontinuierliches Angebot sichergestellt werden kann. Zudem wird die Nutzung der Tafel als sehr stigmatisierend empfunden. Die Betroffenen müssen, je nach Räumlichkeit der Tafeleinrichtung, ihre prekäre Lebenssituation - potenzieller Hunger als Indikator für Armut – öffentlich machen. Weitere Stigmatisierungen erfolgen oft über die Medien und prägen das gesellschaftliche Bild von armen Menschen in Deutschland. Sie sind maßlos, ernähren sich falsch und fett. Sie verursachen nur Kosten für die Allgemeinheit, einmal indem sie staatliche Leistungen zum Lebensunterhalt in Anspruch nehmen und durch ihr riskantes Gesundheitsverhalten verursachen sie zusätzlich Kosten im Gesundheitssystem. Welcher Kreislauf dahinter steht ist für Außenstehende schwer zu erfassen. Zudem werden auch andere Eigenschaften auf die Menschen übertragen wie, fehlende Disziplin, Ehrgeiz, Motivation, Leistungswille verbunden und somit liegt die Ursache für die Armutssituation des Einzelnen bei sich selbst. Dass in einem hochentwickelten Land wie Deutschland, Menschen Hunger leiden, ist für viele nicht vorstellbar. Es kann aber davon ausgegangen werden, dass die Sozialleistungen nicht ausreichend sind, soziale Ernährungsarmut zu verhindern und je nach individueller Biographie und Lebenssituation auch nicht die materielle, da die Ausgaben für Nahrung sehr flexibel gehandhabt werden können. Die Sozialleistungen sichern gerade das Existenzminimum ab, aber keinesfalls die soziokulturelle Teilhabe, wie es in Paragraph 27a des Sozialgesetzbuches verankert ist. Ernährungsarmut ist also in Deutschland kein Phänomen, sondern leider alltäglicher Bestandteil unserer Gesellschaft.

10. Literaturverzeichnis

Adolf, T. 1995. Lebensmittelaufnahme und Vitaminversorgung Erwachsener in Abhängigkeit vom Einkommen. In: Barlösius, Eva, Feichtinger, Elfriede, Köhler, Barbara Maria (Hrsg.): Ernährung in der Armut. Gesundheitliche, soziale und kulturelle Folgen in der Bundesrepublik Deutschland. Berlin: Rainer Bohn Verlag.

AKM Internetservice. Internetservice für Recht, Gesetze und Urteile. Hartz IV Regelsätze 2015. <http://www.datentransfer24.de/Broschuere-Arbeitslosengeld2> , Zit. 2015-02-15.

Barlösius, E. 2011. Soziologie des Essens. Eine sozial – und kulturwissenschaftliche Einführung in die Ernährungsforschung. 2. Auflage. Weinheim und München: Juventa Verlag.

Barlösius, E., Feichtinger, E., Köhler, Barbara M. 1995. Armut und Ernährung – Problemaufriss eines wiederzuentdeckenden Forschungsgebietes. In: Barlösius, Eva, Feichtinger, Elfriede, Köhler, Barbara Maria (Hrsg.): Ernährung in der Armut. Gesundheitliche, soziale und kulturelle Folgen in der Bundesrepublik Deutschland. Berlin: Rainer Bohn Verlag.

Bayer, O. 1995. Die Ernährungssituation Armer in den Vereinigten Staaten. In: Barlösius, Eva, Feichtinger, Elfriede, Köhler, Barbara Maria (Hrsg.): Ernährung in der Armut. Gesundheitliche, soziale und kulturelle Folgen in der Bundesrepublik Deutschland. Berlin: Rainer Bohn Verlag.

BMAS – Bundesministerium für Arbeit und Soziales 2005. „. Armuts – und Reichtumsbericht der Bundesregierung. Lebenslagen in Deutschland. <http://www.bmas.de/SharedDocs/Downloads/DE/PDF-Publikationen/forschungsprojekt-a332-lebenslagen-in-deutschland>, Zit. 2015-02-15.

BMFSFJ – Bundesministerium für Familie, Senioren, Frauen und Jugendliche 2013. 14. Kinder – und Jugendbericht. Bericht über Lebenssituation junger Menschen und die Leistungen der Kinder – und Jugendhilfe. Köln: Bundesanzeiger Verlagsgesellschaft. <http://www.bmfsfj.de/RedaktionBMFSFJ/Broschuerenstelle/Pdf-Anlagen/14-Kinder-und-Jugendbericht>, Zit. 2015-02-17.

Bourdieu, P. 1982. Die feinen Unterschiede. Kritik der gesellschaftlichen Urteilskraft. Frankfurt am Main: Suhrkamp Verlag.

Bundesministerium der Justiz und Verbraucherschutz, Hrsg. Sozialgesetzbuch (SGB) Zwölftes Buch XII, 2003.<http://www.gesetze-im-internet.de/sgb_12/__1.html>, Zit. 2015-02-14.

Bundesministerium für wirtschaftliche Zusammenarbeit und Entwicklung, Hrsg. Lexikon der Entwicklungspolitik, Armutsdefinition. <http://www.bmz.de/de/service/glossar/A/armut.html>, Zit. 2015-02-14.

Deckl, S. 2013. Einkommen, Armut und Lebensbedingungen in Deutschland und der Europäischen Union. Ergebnisse aus LEBEN IN EUROPA/EU – SILC 2011. Wiesbaden: Statistisches Bundesamt, Wirtschaft und Statistik. <https://www.destatis.de/DE/Publikationen/WirtschaftStatistik/WirtschaftsrZeitbudget/EinkommenArmut_032013.pdf?__blob=publicationFile>, Zit. 2015-02-14.

DESTATIS – Statistisches Bundesamt 2012. Private Konsumausgaben. <https://www.destatis.de/DE/ZahlenFakten/GesellschaftStaat/EinkommenKonsumLebensbedingungen/Konsumausgaben>, Zit. 2015-02-16.

Ellert, U., Gutsche, J., Poethko – Müller, C., Ryl, L., Schlack, R., Schmitz, R., Ziese, T. 2013. Die Gesundheit von Kindern und Jugendlichen in Deutschland (KiGGS). Robert Koch – Institut (Hrsg.).Berlin: Medialis Offsetdruck. <http://www.rki.de/DE/Content/Gesundheitsmonitoring/Studien/Kiggs/Kiggs_w1/kiggs_welle1_broschuere.pdf?__blob=publicationFile>, Zit. 2012-02-20.

Engels, D. 2008. Lebenslagen. In: Maelicke B. (Hrsg.): Lexikon der Sozialwissenschaft. Baden-Baden: Nomos Verlag. <http://www.isg-institut.de/download/Artikel%20Lebenslagen.pdf>, Zit. 2015-02-15.

Eubel, C. 2013. Mehr als jeder Dritte verzichtet auf Hartz IV. <http://www.tagesspiegel.de/politik/verdeckte-armut-in-deutschland-mehr-als-jeder-dritte-verzichtet-auf-hartz-iv>, Zit. 2015-02-15.

Feichtinger, E. 1995. Armut und Ernährung im Wohlstand: Topographie eines Problems. In: Barlösius, Eva, Feichtinger, Elfriede, Köhler, Barbara Maria (Hrsg.): Ernährung in der Armut. Gesundheitliche, soziale und kulturelle Folgen in der Bundesrepublik Deutschland. Berlin: Rainer Bohn Verlag.

Feichtinger, E. 1996. Armut und Ernährung. Literaturanalyse unter besonderer Berücksichtigung der Konsequenzen für Ernährungs – und Gesundheitsstatus und der Ernährungsweise in der Armut. Berlin: Wissenschaftszentrum Berlin für Sozialforschung.

Gross, T., Jehles, N. 2015. Der Einfluss von Armut auf die Entwicklung von Kindern. Ergebnisse der Schuleingangsuntersuchung. Bertelsmann Stiftung (Hrsg.). Gütersloh: eigener Druck. <http://www.bertelsmann-stiftung.de/fileadmin/files/BSt/Publikationen/GrauePublikationen/03_Werkstattbericht_Einfluss_von_Armut.pdf>, Zit. 2015-02-22.

Habich, R., Krause, P. 1995. Armut in der Bundesrepublik Deutschland – Probleme bei der Messung und die Reichweite empirischer Untersuchungen. In: Barlösius, Eva, Feichtinger,

Elfriede, Köhler, Barbara Maria (Hrsg.): Ernährung in der Armut. Gesundheitliche, soziale und kulturelle Folgen in der Bundesrepublik Deutschland. Berlin: Rainer Bohn Verlag.

Henning, K. 2008. Außer – Haus - Markt – Zahl des Monats Juli 2008: Gastro - Durchschnittsbon in Europa. <http://ausserhausmarkt.info/tag/durchschnittsbon>, Zit. 2015-02 18

Hermann-Kunz, E. 1995. Ernährung und relative Armut in den neuen Bundesländern. . In: Barlösius, Eva, Feichtinger, Elfriede, Köhler, Barbara Maria (Hrsg.): Ernährung in der Armut. Gesundheitliche, soziale und kulturelle Folgen in der Bundesrepublik Deutschland. Berlin: Rainer Bohn Verlag.

Hradil, S. 1999. Soziale Ungleichheit in Deutschland. Siebente Auflage. Opladen: UTB Verlag.

Kamensky, J. 1995. Essen und Ernähren mit Sozialhilfe. In: Barlösius, Eva, Feichtinger, Elfriede, Köhler, Barbara Maria (Hrsg.): Ernährung in der Armut. Gesundheitliche, soziale und kulturelle Folgen in der Bundesrepublik Deutschland. Berlin: Rainer Bohn Verlag.

Karg, G., Wagner, K., Gedrich, K. 2008. Lebensmittelkosten im Rahmen einer vollwertigen Ernährung. In: Ernährungsumschau, 55: 216-227. <http://www.ernaehrungs-umschau.de/media/pdf/pdf_2008/04_08/EU04_216_XXX_INTERNET.qxd.pdf>, Zit., 2015-02-18

Kersting, M., Clausen, K. 2007. Wie teuer ist eine ausgewogene Ernährung für Kinder und Jugendliche. In: Ernährungsumschau, 54: 508-513. <http://www.ernaehrungs-umschau.de/media/pdf/pdf_2007/09_07/EU09_508_513.qxd.pdf>, Zit. 2015-02-17.

Klee, G. 2000. Armuts – und Reichtumskonzepte und deren Operationalisierung in Deutschland: Zwischen Beliebigkeit und Überforderung?. In: Volkert J. (Hrsg.): Armut und Reichtum an Verwirklichungschancen. Amartya Sens Capability – Konzept als Grundlage der Armuts – und Reichtumsberichterstattung. Wiesbaden: VS Verlag für Sozialwissenschaften.

Klocke, A. 1995. Der Einfluss sozialer Ungleichheit auf das Ernährungsverhalten im Kinder – und Jugendalter. In: Barlösius, Eva, Feichtinger, Elfriede, Köhler, Barbara Maria (Hrsg.): Ernährung in der Armut. Gesundheitliche, soziale und kulturelle Folgen in der Bundesrepublik Deutschland. Berlin: Rainer Bohn Verlag.

Köhler, B. 1995. Ernährung in der Armut – Folgen für die Gesundheit. In: Barlösius, Eva, Feichtinger, Elfriede, Köhler, Barbara Maria (Hrsg.): Ernährung in der Armut. Gesundheitliche, soziale und kulturelle Folgen in der Bundesrepublik Deutschland. Berlin: Rainer Bohn Verlag.

Lampert, T., Mielck, A. 2008. Gesundheit und soziale Ungleichheit. Eine Herausforderung für Forschung und Politik. In: G + G Wissenschaft 2: 7-16. <http://wido.de/fileadmin/wido/downloads/pdf_ggw/wido_ggw_aufs1_0408.pdf>, Zit. 2015-02-24.

Lampert, T., Saß, A., Ziese, T., Häfelinger, M., 2005. Armut, soziale Ungleichheit und Gesundheit. Expertise des Robert Koch – Instituts zum 2. Armuts – und Reichtumsbericht der Bundesregierung. Berlin: Robert Koch – Institut (Hrsg.).

Lehmkühler, S. 2002. Die Gießener Ernährungsstudie über das Ernährungsverhalten von Armutshaushalten (GESA) – qualitative Fallstudien. Dissertation. Justus – Liebig – Universität Gießen, Institut für Ernährung, Fachbereich Agrarwissenschaften, Oecotrophologie und Umweltmanagement. <http://geb.uni-giessen.de/geb/volltexte/2002/825/pdf/d020125.pdf>, Zit., 2015-02-17.

Max Rubner Institut Hrsg. 2008. Nationale Verzehrsstudie II – Ergänzungsbericht. Karlsruhe.

Nestle Studie, Hrsg. 2011. So is(s)t Deutschland. Ein Spiegel der Gesellschaft.<http://www.nestle.de/nestle_studie_2011_zusammenfassung.pd.f>, Zit.2015-02-22.

Pfeiffer, S. 2014. Die verdrängte Realität: Ernährungsarmut in Deutschland. Wiesbaden: Springer VS.

Praetor Intermedia UG „Sozialpakt. Info“.<http://www.sozialpakt.info/angemessener-lebensstandard-3260/>, Zit. 2015-02-14.

Prahl, W., Setzwein, M. 1999. Soziologie der Ernährung. Opladen: Leske und Budrich.

Reichwein, E. 2012. Kinderarmut in der Bundesrepublik Deutschland. Lebenslagen, gesellschaftliche Wahrnehmung und Sozialpolitik. Erste Auflage. Wiesbaden: VS Verlag für Sozialwissenschaften.

Scheurle, U. 2005. Einkommensbasierte Indikatoren als Bausteine einer Armutsberichterstattung. In: Volkert J. (Hrsg.): Armut und Reichtum an Verwirklichungschancen. Amartya Sens Capability – Konzept als Grundlage der Armuts – und Reichtumsberichterstattung. Wiesbaden: VS Verlag für Sozialwissenschaften.

Schomaker, G. 2008. Sarrazin entwickelt Hartz – IV – Speiseplan. <http://www.welt.de/politik/article1649762/Sarrazin-entwickelt-Hartz-IV-Speiseplan>, Zit. 2015-02-16.

Schuler, K. 2006. Arbeiten fürs Essen. < ttp://www.zeit.de/online/2006/20/Schreiner>, Zit. 2015-02-15.

Simmel, G. 1992. Der Arme. In: Soziologie. Untersuchungen über die Formen der Vergesellschaftung. Frankfurt am Main, Herausgabe von Otthein Rammstedt.

Volkert, J. 2005. Armut als Mangel an Verwirklichungschancen: ein „Adäquater Methoden - Ansatz“. In: Volkert J. (Hrsg.): Armut und Reichtum an Verwirklichungschancen. Amartya Sens Capability – Konzept als Grundlage der Armuts – und Reichtumsberichterstattung. Wiesbaden: VS Verlag für Sozialwissenschaften.